Patrick Kühnel

Zahlen, Metaphern, Konzepte – Zur Struktur mathematischer Aporien am Beispiel Zenons

GRIN Verlag

Bibliografische Information der Deutschen Nationalbibliothek:

Die Deutsche Bibliothek verzeichnet diese Publikation in der Deutschen National-
bibliografie; detaillierte bibliografische Daten sind im Internet über http://dnb.d-
nb.de/ abrufbar.

Impressum:

Copyright © 2012 GRIN Verlag GmbH
Druck und Bindung: Books on Demand GmbH, Norderstedt Germany
ISBN: 978-3-656-34074-4

Dieses Buch bei GRIN:

http://www.grin.com/de/e-book/206872/zahlen-metaphern-konzepte-zur-struktur-
mathematischer-aporien-am-beispiel

Zahlen, Metaphern, Konzepte – Zur Struktur mathematischer Aporien am Beispiel Zenons

Patrick Kühnel

Beijing Foreign Studies University

Einleitung

Betrachtet man das zentrale Konzept der Analysis, das Infinitesimal, so fällt einem ein eigentümlicher Widerspruch in dessen Konzeption und Geschichte auf: Zum einen bemerkte schon Aristoteles den Widerspruch zwischen der Notwendigkeit der Existenz eines Begriffes von Unendlichkeit (der für die Konstruierbarkeit eines unendlich Kleinen Voraussetzung ist) zum anderen widerspricht das Konzept des Unendlichen jeder empirischen Plausibilität und Operationalisierbarkeit durch den Alltagsverstand. Aristoteles, dessen von Pythagoras inspirierten Betrachtungen zu Zeit und Raum die philosophischen Konzeptionen bis weit in die Neuzeit hinein prägten, versucht diesen Widerspruch durch die Feststellung zu lösen, dass es sich bei dem Unendlichen um reine Potentialität handele, dass also ein aktual Unendliches nicht existieren könne worauf er mehrfach im dritten Buch der *Physik* hinweist. Diese Erklärung ist oft kritisiert worden, da das eigentliche Problem nur verschoben wird: Von der Frage nach dem Unendlichen auf die Frage nach dem Wesen, d.h. der Frage, ob die Dinge eine Essenz haben, die jenseits deren Erkennbarkeit postulierbar wäre. Da das griechische mathematische Denken seinen Anker in der geometrischen Anschauung hatte[1] ist es nicht verwunderlich, dass das Konzept unendlicher Teilbarkeit zu einem Konflikt mit dem Grundverständnis über das Wesen mathematischer Aussagen führen musste.

Dies jedoch für zu der grundsätzlichen Frage, inwieweit diejenigen Konzepte, die analytischem Denken zugrunde liegen und damit Erkenntnisse - insbesondere mathematische - erst ermöglichen gleichzeitig auch deren Reichweite und Tiefe begrenzen. Zu Klärung dieser Frage ist es freilich notwendig, einen Blick in die Genese mathematischer Konzepte zu werfen und speziell deren metaphorische Ebene zu beleuchten. Dies soll im vorliegenden Beitrag exemplarisch an den Zenonschen Paradoxien bzw. deren Lösungsansätzen versucht werden. Es wird mit Hilfe metapherntheoretischer und elementarmathematischer Überlegungen versucht nachzuzeichnen, wie die scheinbaren Paradoxien sich als Folge eines

---

[1] Von den 13 Kapiteln aus Euklids „Elemente" beziehen sich allein 9 direkt auf geometrische Fragen, nur Kapitel 7-10 behandeln arithmetische und zahlentheoretische Fragen, wobei deren Beweise häufig auf geometrischer Anschauung basieren.

undifferenzierten Unendlichkeitsbegriffs ergeben, wobei letzterer sich wiederum direkt auf ein unzureichend abstraktes Zahlkonzept zurückführen lässt.

Grundlegende Konzepte

Dieses grundlege Zahlenverständnis war über die konzeptuellen Metaphern nämlich sehr stark an den diskreten Anschauungsraum gebunden. Als Beispiel sei die Herleitung der binomischen Formel $(a+b)^2=a^2+2ab+b^2$ aufgeführt:

Wird eine Strecke in zwei geteilt, dann ist das Quadrat über der ganzen Strecke gleich den Quadraten über den Teilen und dem doppelten Rechteck, das die Teile ergeben, zusammen.[2]

Die Schlussfolgerung ergibt sich unmittelbar aus der Anschauung:

Abb.1

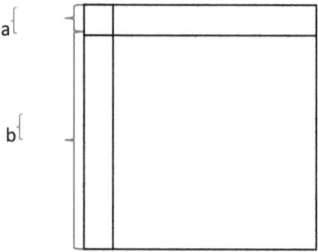

Dass die Herleitung so einleuchtend erscheint basiert im Wesentlichen auf der Tatsache, dass Euklid ein algebraisches Problem, d.h. ein Problem, das auf Anwendung formaler Verknüpfungsregeln, d.h. der Erklärung von Multiplikation und Addition, sowie deren Kommutativität und Distributivität beruht, als einen Sachverhalt interpretiert, bei dem diskrete Entitäten manipuliert werden. Dies gelingt durch die Anwendung zweier konzeptueller Metaphern[3]:

- „Strecken sind aus Grundbestandteilen (Einheiten) zusammengesetzte Gegenstände"
- „Das Maß der Länge, bzw. Fläche ist die Anzahl von Grundbestandteilen (Einheitsstücken) einer Strecke bzw. Fläche."

---

[2] Euklid: Die Elemente: Satz II. 4.
[3] Vgl. Lakoff/Nunez (2000): S.78

Da diese Grundbestandteile sich isomorph zu diskreten physikalischen Objekten verhalten, kann die auf diese anwendbare algebraische Struktur für die Zählung von Längen und Flächen übernommen werden.

Abb.2

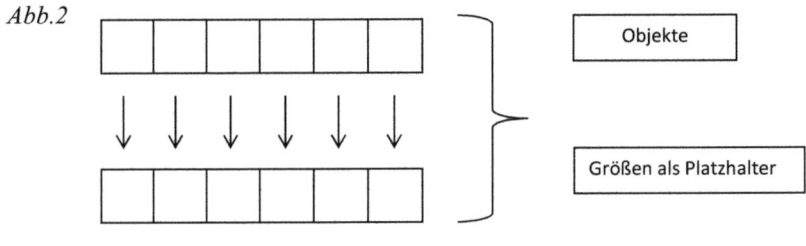

1 + 1 + 1 + 1 + 1 + 1 = 5   Stücke heißt „Länge 5"

Da Längen Einheitsstücke sind, lassen sie sich wie physikalische Objekte addieren, gruppieren und multiplizieren und dies zumindest theoretisch beliebig oft – praktisch sind dem Verfahren natürlich zeitliche und räumlich Grenzen, daher der Begriff des Unendlichen als eines Potentiellen.

Das Problem des Kontinuums

In der umgekehrten Richtung, also für die Division gilt im Prinzip das Gleiche. Unendlich wiederholte Teilung ist theoretisch möglich, praktisch gibt es jedoch immer eine Grenze der Teilbarkeit. Wie sich herausstellen wird, besteht die die eigentliche Schwierigkeit bei der Konstruktion des Kontinuums darin, diese Grenze konzeptuell zu überwinden.

Aristoteles widerspricht in seiner Untersuchung des Kontinuums zwar den Atomisten, seine eigene Erklärung des Zusammenhängenden ist jedoch weitgehend aus der Anschauung übernommen und dementsprechend eher intuitiver Natur: So schreibt er in Kapitel 6 der Physik:

Wenn nun ist stetig und sich berührend, und der Reihe nach, den vorherigen Bestimmungen zufolge, stetig, dessen letzte Theile Eins, sich berührend, von dem sie zusammen sind; der Reihe nach aber, was nichts gleichartiges dazwischen hat: so kann nicht aus Untheilbarem etwas Stetiges sein; z.B. die Linie aus Puncten, dafern die Linie ein Stetiges, der Punct aber ein Untheilbares ist. Denn weder sind Eins die letzten Theile der Puncte, (da nicht hat letzte und außerdem noch andere Theile das Untheilbare), noch sind siezusammen. Denn überhaupt nichts Letztes hat, was ohne Theile ist. Ein anderes nämlich wäre das Letzte und das, wovon es letztes ist. Nun müßten nothwendig entweder stetig oder durch gegenseitige Berührung zusammenhängend sein die Puncte, aus denen das Stetige besteht. Das nämliche gilt von allem Untheilbaren. Stetig kann es nicht sein, aus dem angegebenen Grunde. Durch Berührung aber hängt überhaupt zusammen entweder Ganzes mit Ganzem, oder Theil mit Theil, oder Theil mit Ganzem. Da nun keine Theile hat das Untheilbare, so muß es als Ganzes mit Ganzem durch Berührung zusammenhängen. Ein Ganzes aber welches ein Ganzes berührt, kann nicht stetig sein. Das Stetig nämlich hat verschiedene Theile, und zerfällt in gleichfalls theilbare und räumlich für sich bestehende Theile. - Aber auch nicht folgender Reihe nach kann Punkt auf Punkt, oder das Jetzt auf das Jetzt, so daß hieraus die Länge wäre, oder die Zeit. Denn folgend der Reihe nach ist, was nichts gleichartiges zwischen sich hat; die Punkte aber haben stets zum Dazwischen eine Linie, und die Jetzt eine Zeit.[4]

Konsequenterweise muss er auch die Möglichkeit verleugnen, dass Zahlen ein Kontinuum bilden, da sie einander „nicht berühren".[5]

Man dürfte auch wohl fragen, da es in den Zahlenkeine Kontinuität, aber wohl eine Reihenfolge gibt, ob die Einheiten, zwischen denen es kein Mittleres gibt, wie die Einheiten, die in der Zweizahl oder der Dreizahl enthalten sind, in der Reihenfolge unmittelbar nach der Ur-Eins kommen oder nicht sowie ob die Zweizahl in der Reihe voraufgeht, oder eine der voraufgeht, oder eine der beiden in ihr enthaltenen Einheiten.

Es ist ganz offenkundig, dass Aristoteles hier in Gefahr gerät, bei der Analyse des Kontinuums in eine Tautologie zu verfallen: Das Kontinuum kann nicht aus diskreten Einheiten aufgebaut sein, denn sonst könnte es nicht zusammenhängen. Also muss es eine Einheit bilden, was aber nichts anderes heißt, als eben ein Kontinuum zu sein. In diese Denkfalle gerät er hinein, weil er, in der geometrischen Tradition stehend, der Gegenstandsmetaphorik der Zahl zu stark verhaftet ist: Zahlen sind Längen, Längen sind Mengen von Maß-Stäben, Stäbe sind Dinge, folglich sind Zahlen Dinge und Dinge berühren einander entweder oder sie tun es nicht.[6] Dass es sich bei den hieraus entstehenden Verwirrungen und logischen Widersprüchen, die letztlich durch vage Bezugnahme auf den Alltagsverstand mehr oder weniger aufgelöst werden, tatsächlich um ein strukturelles Problem handelt, dass in der unbewussten Verwendung von Gegenstandsmetaphern für abstrakte

---

[4] Physik VI, 1
[5] Metaphysik 2. Abteilung IV,3
[6] Das steht in auffälligem Widerspruch zu seiner entschlossenen Verteidigung des unendlich Teilbaren, auf die weiter unten Bezug genommen wird: Trotz aller praktischen Brauchbarkeit, existiert das Unendliche nur als Potentialität, ganz im Gegensatz zu dem sehr dinglich-anschaulichen Zahlbegriff der Pythagoräer als Maß oder Verhältnis, das auf der 1 als der fundamentalen Einheit aufbaut (vgl. Heath: S.69-70)

Objekte verwurzelt erkennt man daran, dass Aristoteles an anderer Stelle[7] Reflexionen über den Raum anstellt, die letztlich um dieselbe Paradoxie kreisen: Raum existiert, kann aber logischerweise nicht existieren, weil er nicht die Eigenschaften des (dinglich) Existierenden besitzt. Es wird klar, dass Aristoteles sich den Raum als eine Art Gefäß vorstellt (worin jeder Gegenstand enthalten ist), aus dem er alle Eigenschaften entfernt, die ihm störend, weil widersprüchlich sind. Das zeigt sich auch daran, dass er dem Raum eine reelle Größe zuspricht. Da Ausdehnung jedoch nur Gegenständen zukommt, führt Aristoteles durch die Hintertür ein Art Platzhalteruniversum ein, das jedoch selbst wiederum nur im (abstrakten) Raum existieren kann. Letzteren unterstellt er zusätzlich neben dem analysierten, verweist aber zusätzlich auf die Tatsache, dass der Raum, wenn er existiert, in etwas anderem – eben ebenfalls dem Raum - enthalten sein müsste, was zu einem infiniten Regress führte. Hieraus zieht Aristoteles die paradoxe Konsequenz, dass der Raum also nicht existieren könne. Diese bizarre Schlussfolgerung wird begreiflich, wenn man berücksichtigt, dass Aristoteles neben dem apriorischen Anschauungsraum, auf den seine Analyse gerichtet zu sein scheint, einen zweiten, konzeptuell fassbareren annimmt, dem seine Betrachtungen tatsächlich gelten: die Summe aller (potentiellen) Ausdehnungen und seine Argumentationen als Versuch begreift, das lästige materielle Substrat des zweiten Raumbegriffes loszuwerden. Wie sollte man auf etwas referieren, das keine Ausdehnung hat und dennoch als physisch vorhanden gesetzt wird, wenn nicht extensional? Gleichzeitig lehnt er die Existenz von Unteilbarem (sei es im Raum oder in der Zeit) ab und begibt sich in die Schwierigkeiten, wenn er versucht, einen Gegenstand von seiner Umgebung konzeptuell zu trennen. Man erkennt, dass Aristoteles an die Grenzen dinglicher Referenz gelangt ist, oder anders gesagt, er führt die Beschränkungen der Leistungsfähigkeit einer konzeptuellen Metaphorik vor, die auf diskrete Entitäten, wenn auch beliebig kleine, gegründet ist; er erkennt sie zwar, kann sie aber durch nichts Geeigneteres ersetzen, da bei ihm physikalische und geometrische Größen Abstraktionen über natürliche Gegenstände bleiben.[8]

Zenons Paradoxien

a) Achilles und die Schildkröte

---

[7] „Ferner ist ersichtlich, daß nichts anderes von dem Würfel gilt, wenn er den Platz wechselt, als was auch von allen andern Körpern gilt. Also wenn sie von dem Raume sich nicht unterscheiden warum soll man annehmen einen Raum für die Körper außerhalb des Umfangs eines jeden, wenn eigenschaftslos der Umfang?" (Physik VI,8)

[8] Auch hier zeigt sich das pythagoräische Erbe (vgl. Paul Tannery: La Géometrie grecque, S.124)

Die Schwierigkeiten, die sich aus der Verhaftetheit an die diskrete Alltagsmetaphorik beim Umgang mit dem Kontinuum ergeben[9] sind offensichtlich kulturell, aber auch historisch invariant und lassen sich sehr anschaulich durch die verschiedenen Auflösungsversuche für Zenons Paradoxien illustrieren. Deren bekanntestes ist wohl der Wettlauf zwischen Achilles und der Schildkröte[10]:

The [second] argument was called "Achilles," accordingly, from the fact that Achilles was taken [as a character] in it, and the argument says that it is impossible for him to overtake the tortoise when pursuing it. For in fact it is necessary that what is to overtake [something], before overtaking [it], first reach the limit from which what is fleeing set forth. In [the time in] which what is pursuing arrives at this, what is fleeing will advance a certain interval, even if it is less than that which what is pursuing advanced ... . And in the time again in which what is pursuing will traverse this [interval] which what is fleeing advanced, in this time again what is fleeing will traverse some amount ... . And thus in every time in which what is pursuing will traverse the [interval] which what is fleeing, being slower, has already advanced, what is fleeing will also advance some amount.[11].

In der Argumentation wird also aus der Tatsache, dass der Verfolger unendlich oft eine endliche Zeitspanne benötigt, um eine durch die Ratio der Geschwindigkeiten von Verfolger und Verfolgten gegebene Folge von Teilstrecken zu durchlaufen auf die Unendlichkeit der Gesamtzeit geschlossen. Sei v die Laufgeschwindigkeit Achilles', s_i der jeweilige Streckenabschnitt und t_i die Zeit, die Achilles von einem Streckenabschnitt zum nächsten braucht, dann wird für die Gesamtzeit gefolgert:

Gesamtstrecke$= \sum_{i=1}^{\infty} v * t_i = \sum_{i=1}^{\infty} \frac{s_i}{t_i} * t_i = \sum_{i=1}^{\infty} s_i = \infty$, und da Achilles' Geschwindigkeit konstant ist

$$Gesamtstrecke = \infty \rightarrow Gesamtzeit = \frac{Gesamtstrecke}{Geschwindigkeit} = \frac{\infty}{v} = \infty$$

---

[9] Boyer (1939:25) verweist in diesem Zusammenhang auf Folgendes hin: That they (d.h. Plato und Archimedes) did not do so (gemeint ist: die abstrakten Konzepte entwickeln, die zur Lösung von Zenos Paradoxien notwendig sind) may have been the result of their failure [...] to seperate the worlds of sense and reason, of intuition and logic. Thus mathematics, instead of being the science of possible relations, was to them the study of situations thought to subsist in nature."
[10] Vgl. Physik VI,9
[11] Simplicius a): 1014.10, zitiert nach Huggett (2010)

ein Widerspruch zum Augenschein.[12]

Dieses Postulat von der Unendlichkeit aller infiniten Reihen mit von Null verschiedenen Reihengliedern tritt in der Achilles Paradoxie besonders klar zu Tage. Es bildet den Kern aller Zenonschen Paradoxien und ihm wird daher im Folgenden nähere Aufmerksamkeit gewidmet.

b) Das Pfeilparadoxon

Wenn auch das Unendlichkeitspostulat hier versteckt auftritt, so sind die konzeptuell-logischen Probleme jedoch analog. Im „Pfeilparadoxon" wird argumentiert, dass Bewegung grundsätzlich unmöglich sei:

The third is ... that the flying arrow is at rest, which result follows from the assumption that time is composed of moments .... he says that if everything when it occupies an equal space is at rest, and if that which is in locomotion is always in a now, the flying arrow is therefore motionless. [13]

Auch wenn Aristoteles' Verweis etwas vage ist, so ist sein Problem doch klar: Ein fliegender Pfeil befindet sich zu jedem Moment an einer bestimmten Position; da diese Position der Ausdehnung des Pfeils entspricht ist der Pfeil zu jedem Moment in Ruhe. Wenn nun eine Zeitspanne vollständig aus Momenten zusammengesetzt ist, müsse der Pfeil daher zu jedem Moment in Ruhe sein. Nach Magidor (2008), lässt sich die Argumentation folgendermaßen analysieren:

Let I be an interval of time, in which a flying arrow is in motion.

1) Everything is at rest when it occupies a space equal to itself. (premise)

(2) At every instant t contained in I, the arrow occupies a space equal to itself (implicit premise)

(3) at every instant t contained in I, the arrow is at rest at t. (From (1) and (2))

(4) The arrow is always 'at an instant' (premise)

therefore,

(5) The arrow is motionless in I. (From (3) and (4))

Since from the assumption that the arrow is motion in I it follows, according to the

paradox, that the arrow is motionless in I we can conclude that the assumption is

---

[12] Das Problem besteht offensichtlich in der irrigen Unterstellung, dass die konstante Ratio der Geschwindigkeiten von Achilles und der Schildkröte ein konstantes oder zumindest nicht verschwindendes s_i implizieren müsse.
[13] Physik VI,9.

wrong and the arrow cannot be in motion in I.

Die Struktur des Pfeilparadoxons scheint auf den ersten Blick vom Achilles-Paradoxon abzuweichen, dabei ist lediglich der Blickwinkel ist ein anderer. Beim Achilles-Paradoxon wird von der intuitiven Annahme ausgegangen, dass der schnellere Läufer den langsameren an einem unbestimmten Ort einholen muss und ein Widerspruch zu dieser Aussage dadurch konstruiert, dass durch Aufsummierung unendlich vieler „Streckenelemente" eine unendliche Strecke, bzw. eine unendliche Zeitdauer (Unendlichkeitspostulat) konstruiert wird. [14] [15] Demgegenüber wird beim Pfeilparadoxon die Annahme zu Grunde gelegt, dass ein Pfeil für die Zurücklegung einer *bestimmten* Distanz eine *bestimmte* Zeitspanne benötigt, die wiederum der Summe unendlich vieler Zeitelemente entspricht. Der Unterschied zum Achilles-Paradoxon besteht also darin, dass hier das Unendlichkeitspostulats nicht im Zähler sondern im Nenner erscheint. Der Bruch geht gegen 0 und daraus wird gefolgert, dass wegen Endlichkeit der vom Pfeil zurückgelegten Strecke die Zeitelemente keine Ausdehnung haben könnten und folglich keine Bewegung möglich ist.

$$Teilstrecke = \frac{Gesamtstrecke}{\infty} = 0 \rightarrow \sum_{i=1}^{\infty} Teilstrecke_i = \sum_{i=1}^{\infty} 0 = 0^{16}$$

c) Das Dichotomieparadoxon

Oberflächlich ebenfalls etwas anders strukturiert scheint das Dichotomieparadoxon (in Aristoteles' Behandlung der Bewegung das erste). Mit etwas Überlegung erkennt man jedoch, dass es auf dem bekannten Unendlichkeitspostulat basiert:

Der erste der, daß nichts sich bewege, weil zuvor in die Hälfte kommen müßte das sich Bewegende, bevor an das Ende; worüber wir entschieden haben in den vorhergehenden Betrachtungen. [17]

Die Argumentation besteht in Hinweis darin, dass, um eine Strecke zurückzulegen, zunächst deren Hälfte zurückgelegt werden müsse, zur Zurücklegung dieser Hälfte wiederum deren Hälfte und so weiter ad infinitum. Das heißt, es könne überhaupt keine erste Strecke die man

---

[14] Diese Frage könnte man auch als Falls eines "Conceptual Blending" betrachten (vgl. Fauconnier/Turner (2002).
[15] Beim Conceptual blending handelt es sich keineswegs um ein exotisches Phänomen in den Naturwissenschaften, insbesondere der Physik, vgl. hierzu Bing/Redish (2006)
[16] Die hier verwendete Notation soll den fehlerhaften Originalgedankengang möglichst knapp wiedergeben und entspricht daher streng genommen nicht der mathematischen Konvention.
[17] nach. Huggett (2010)

zurücklegt geben (und dementsprechend keinen ersten Zeitabschnitt), da jeder Streckenabschnitt wiederum geteilt werden könne, somit sei Bewegung unmöglich.[18]

Während bei den beiden oben genannten Paradoxien eine bestimmte Geschwindigkeit oder eine bestimmte Strecke vorausgesetzt wurde, wird hier eine bestimmte Bewegung unterstellt, die natürlich eine von Null verschiedene Geschwindigkeit besitzen muss und eine bestimmte Zeit in Anspruch nimmt. Ebenso wie bei den übrigen Paradoxien wird hier angenommen, dass eine endliche Strecke, in unendlich viele Abschnitte zerteilt, unendlich viele, das heißt beliebig kleine Zeitelemente zu deren Durchschreitung erfordert. Würden diese Zeitelemente gleich 0 gesetzt, dann läge wieder das bekannte Unendlichkeitspostulat vor, aber das benötigt man in diesem Falle gar nicht. Denn die Hauptaussage liegt darin, dass keine Bewegung so klein sein kann, als dass man sie nicht noch durch Teilung verkleinern könnte[19]. Das entspricht dem Beweis, dass die Zahl 0 durch Teilung beliebig nah approximiert werden kann:

Sei mit $\Delta s = v * \Delta t$ eine Bewegung um eine beliebige Strecke bezeichnet, wobei v> 0 die Bewegungsgeschwindigkeit und Δt die für diese Bewegung benötigte Zeitdauer benennen. Unterstellt man eine solche Bewegung (wie man sie aus der Anschauung kennt und damit, eine bestimmte Zeitdauer), dann folgt dass es ein ε gibt mit $0 < \varepsilon < \Delta s$. Teilt man die Strecke (die der Einfachheit halber normiert wurde) nun und setzt man zur Berechnung der Reststrecke nach n Teilungen $l = \frac{1}{2^n}$, dann erhält man bei mehr als $log_2 \frac{1}{\varepsilon}$ Teilungen für die resultierende Länge:

$$l < \frac{1}{2^{log_2 \frac{1}{\varepsilon}}} = \frac{1}{\frac{1}{\varepsilon}} = \varepsilon < \Delta s$$

Das Problem entsteht also lediglich dadurch, dass eine *bestimmte* Bewegung gesetzt wurde.

d) Das Stadion-Paradoxon

Schließlich ist noch das Stadion-Paradoxon zu erwähnen, in dem es um Geschwindigkeiten in unterschiedlichen Bezugssystemen geht:

Der vierte aber ist der von den gleichen Massen, die in der Bahn von entgegengesetzten Seite her einander gegenüber sich bewegen, die eine von dem Ende der Bahn, die andere von der Mitte aus: wobei folgen soll, daß gleich sei der doppelten Zeit die halbe.)[20]

---

[18] vgl.: Simplicius b), S.58-59, zitiert nach Huggett (2010)
[19] Das entspricht ziemlich genau der Definition einer sog. „dichten Menge".
[20]Zitat so wie die folgende Interpretation nach Huggett (2010)

Gegeben seien drei Gruppen von Würfeln, die jeweils in Reihe angeordnet sind. Während die Reihe AAA sich in Ruhe befindet, bewegen sich die Reihen BBB und CCC mit gleichen konstanten Geschwindigkeiten gegenläufig zueinander an der Reihe AAA vorbei. An irgendeinem Punkt befinden sich der am weitesten rechtstehende Würfel B und der am weitesten linkstehende Würfel C genau auf einer Linie mit dem mittleren Würfel A:

Abb.3

        AAA

      BBB→

       ←CCC

Da die Gruppen aus Bs und Cs sich gleich schnell bewegen werden sie sich zur selben Zeit genau unter der A-Gruppe befinden:

Abb.4

     AAA

     BBB

     CCC

Der scheinbare Widerspruch besteht nun darin, dass die B-Gruppe gleichzeitig zwei volle Distanzeinheiten in Bezug auf die C-Gruppe zurückgelegt hat (das rechtsstehende B ist an zwei ganzen Cs vorbeigezogen) während es in Bezug auf die A-Gruppe nur eine Distanzeinheit zurückgelegt habe (das rechtsstehende B ist nur einem A vorbeigezogen). Eine naheliegende Auflösung dieses Paradoxons, die auch Aristoteles gibt, besteht natürlich im Hinweis auf die Tatsache, dass sich die Bs im Verhältnis zu den Cs mit der doppelten Geschwindigkeit bewegen, wie sie sich im Verhältnis zu den As bewegen:

Es liegt aber der Fehlschluß in der Forderung, daß das eine bei Bewegtem vorbei, das andere bei Ruhendem, die gleiche Ausdehnung mit der gleichen Geschwindigkeit in der gleichen Zeit durchgehe. The fallacy of the reasoning lies in the assumption that a body occupies an equal time in passing with equal velocity a body that is in motion and a body of equal size that is at rest;[21]

---

[21] Physik VI,9..

Dies nicht zu berücksichtigen schiene aus heutiger Sicht naiv und es ist auch mit Rücksicht auf Aristoteles' übrige Analysemethode reichlich verwunderlich, dass er sich hier mit der Widerlegung eines so oberflächlichen Denkfehlers zufriedengibt, zumal diese Interpretation nicht in den Kontext der übrigen Paradoxien passt, die ja alle aus den Schwierigkeiten herrühren, Unendlichkeit kognitiv fassbar zu machen. Noch aus einem weiteren Grunde wirkt Aristoteles Analyse unbefriedigend: Die Definition von „Bewegung", die er an anderer Stelle gibt ist nämlicher absolut-qualitativer Natur: „the fulfillment of what exists potentially, in so far as it exists potentially"[22]. Hierzu bemerkt Boyer: „However, his influence was in another sense quite adverse toward the development of this concept[23] in that it centered attention to the qualitative description of the change itself, rather than upon a quantitative interpretation of the vague instinctive feeling of a continuous state of change advocated by Zeno."[24] Insgesamt ergibt sich der Eindruck, dass der Hauptgrund, weshalb in Aristoteles Wiedergabe des Paradoxons das Problem unendlicher kleiner Größen umschifft wird, darin bestehen mag, dass das Paradoxon selber auf adäquate Weise in makroskopischer Form präsentiert werden kann, während die übrigen Paradoxa ohne Bezug auf die behauptete oder zurückgewiesene Existenz eines minimalen Elements nicht formuliert werden können. Huggett[25] weist daher zu Recht darauf hin, dass man mit dem bloßen Verweis auf relative Geschwindigkeiten Zenons Intention möglicherweise nicht gerecht wird. In diesem Zusammenhang verweist er auf Davey (2007), der dieses Bewegungsparadoxon im Einklang mit den übrigen unter dem Blickwinkel eines Grenzwertprozesses analysiert:

Angenommen, alle As, Bs und Cs seien von minimaler Ausdehnung und es gebe zwischen ihnen keinen Raum. Dann führte die Behauptung, die Bs bewegten sich im Verhältnis zu den Cs mit doppelter Geschwindigkeit wie im Verhältnis zu den As insofern zu einem Widerspruch als jeweils die gleiche Anzahl minimaler Längen- (und wegen der gleichmäßigen Bewegung) auch Zeiteinheiten benötigt würde, um den obengenannten Prozess zu vollenden.[26]

Sei v_b^a die relative Geschwindigkeit der Bs im Vergleich zu den As und v_c^a die relative Geschwindigkeit der Cs im Vergleich zu den As. Laut Problemstellung gilt $v_b^a = -v_c^a$. Also ist $v_b^c = v_b^a - v_c^a = v_b^a - (-v_b^a) = 2v_b^a$.

---

[22] Zitiert nach Boyer (1949), S.42
[23] Gemeint ist das Konzept der Ableitung
[24] Vgl. Boyer, ibd. S.43.
[25] Huggett ibd.
[26] Vgl. Davey (2007): S.127

Setzt man nun für ein festes Δt: $v_b^c = \frac{\Delta s_1}{\Delta t} = 2v_b^a = \frac{2\Delta s_2}{\Delta t}$, dann ergäbe sich ein Widerspruch, wenn aus $\Delta s_1 \rightarrow 0$ und $\Delta s_2 \rightarrow 0$ gefolgert würde, es müsse gelten dass $\Delta s_1 = \Delta s_2$. Diese Annahme passt auch zu den aus den übrigen Paradoxien bekannten Schwierigkeiten im Umgang mit dem Kontinuum, die grob dadurch charakterisiert werden können, dass der aus der Anschauung übernommene Begriff einer unendlich großen Menge auf das Kontinuum projiziert wird.

Man könnte daher im Anschluss an Davey und Huggett[27] dieses Paradox unter diesem Blickwinkel eines fehlerhaften Umganges mit unendlichen Mengen betrachten: Denn auch wenn man beispielsweise die natürlichen Zahlen bijektiv (also 1:1) auf die geraden Zahlen, abbilden kann

1$\rightarrow$ 2

2$\rightarrow$ 4

3$\rightarrow$ 6...

und der Alltagsverstand suggeriert, dass entsprechend doppelt so viele natürliche Zahlen wie gerade Zahlen, so gilt das natürlich nur für endliche Mengen. Bei seiner Analyse spielt Huggett auf die Cantorschen Sätze zur Mächtigkeit von Zahlenmengen an. Dieser Ansatz ist fruchtbar und sollte hier etwas weiter verfolgt werden.

Abzählbarkeit oder Überabzählbarkeit als Schlüssel?

Führt man Huggetts Überlegungen nämlich weiter[28] und dehnt sie auf die übrigen Paradoxien aus, so könnte man die konzeptuellen Probleme bei der Auflösung der Paradoxien formal auf einen Kategorienfehler zurückführen: Der Grund für die Paradoxien könnte nämlich darin gesucht werden, dass bei Zenon bzw. Aristoteles versucht wird, die überabzählbare Unendlichkeit des Kontinuums auf die abzählbare Unendlichkeit des Alltagsverstandes abzubilden. Der Grund dafür, warum dies Scheitern muss liegt dem Cantorschen Beweis für

---

[27] Ibd.
[28] Davey (a.a.O., S. 141f) zieht in diesem Zusammenhang ebenfalls Cantors Theorie unendlicher Mengen heran, insbesondere zur Begründung der Gleichmächtigkeit zweier Mengen [1,2] und [2,4]. Allerdings versucht er, den intuitiv empfunden Größenunterschied zu retten, in denen der beiden Mengen mit Hilfe einer Maßfunktion auf den Abstand der Endpunkte auf der Zahlengeraden abbildet, also ein Paar (natürlicher) Zahlen auf eine andere (natürliche) Zahl. Dieser Ansatz Möglichkeit ist jedoch trivial und erklärt nichts, da er das Kernproblem, nämlich das zu Grunde liegende Zahlkonzept umgeht.

die Überabzählbarkeit des Kontinuums zu Grunde, denn hierbei handelt es sich um einen klassischen Widerspruchsbeweis.[29] :

Angenommen, es wäre möglich, alle reellen Zahlen (aus denen das Kontinuum konstruiert wird) in einer unendlichen langen Liste aufzuzählen und mit einem Index $_i$ zu versehen:.

$L = R_1, R_2, R_3, \ldots$

Dann gäbe es für jede beliebige reelle Zahl (x) einen Index, mit der sie innerhalb der unendlichen Liste eindeutig identifiziert werden kann, also es gilt: $x = R_i$. Das Ziel besteht nun darin, zu zeigen, dass es Zahlen in der Liste gibt, die nicht in der Liste enthalten sind, d.h. Zahlen, die nicht nummeriert werden können. Hierzu konstruiert man von einem beliebigen Startintervall (a_1, b_1) ausgehend eine Intervallschachtelung auf der Zahlengeraden, wobei die a_i immer die kleinere der beiden b_i immer die größere der beiden Intervallgrenzen bezeichnet.

Abb.5

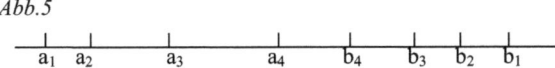

Während der erste Intervall (a_0, b_0) beliebig gewählt werden konnte muss das zweite Intervall, d.h. (a_1, b_1) folgende Bedingung erfüllen: Die Zahlen $(a_1$ und $b_1)$ müssen innerhalb der Grenzen des ersten Intervalls liegen und sie müssen in der Liste L enthalten sein. Anders gesagt: Man durchsucht die Liste solange, bis man zwei Zahlen gefunden hat, die innerhalb des ersten Intervalls liegen und nennt die kleinere dann a_1 und die größere b_1. Diese beiden Zahlen bilden dann ein neues Intervall, mit a_1 rechts von a_0 und b_1 links von b_0.

Wie in Abbildung 6 angedeutet, wiederholt man diesen Prozess entweder endlich oft oder unendlich oft.

a) Endliche Intervallzahl:
Man wiederholt den Prozess so oft bis schließlich nur noch eine Zahl aus der Liste innerhalb des Intervalls liegt (x), vgl. Abb.6. Jede andere Zahl außer x, die noch im Intervall liegt kann daher kein Element von L sein. Anders ausgedrückt: Mindestens eine der beiden Zahlen $\frac{a_n+b_n}{2}$ und $\frac{a_n+b_n}{3}$ ist nicht in L enthalten

Abb.6

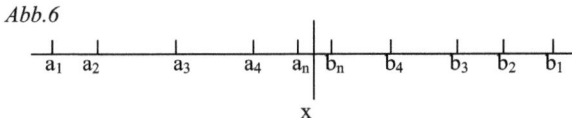

b) Unendliche Intervallzahl:

[29] Für eine ausführlichere Darstellung der Beweisidee vgl. Hoffmann (2011): S.18f

Beide Folgen (a_i und b_i) sind streng monoton (steigend bzw. fallend) und außerdem (durch die fragliche Zahl x) beschränkt. Daraus folgt, dass sie jeweils einem Grenzwert zustreben müssen: $\lim_{i \to \infty} a_i = a_\infty$ bzw. $\lim_{i \to \infty} b_i = b_\infty$. Laut Konstruktionsvorschrift können daher nur die beiden Fälle eintreten: $a_\infty < b_\infty$ oder $a_\infty = b_\infty$.

Wäre $a_\infty < b_\infty$ dann wären offensichtlich alle x mit $a_\infty < x < b_\infty$ nicht in der Liste enthalten. Wäre hingegen $a_\infty = b_\infty$, dann wären $a_\infty = b_\infty$ deswegen nicht enthalten, weil es sich auf aufgrund der Konstruktionsvorschrift um einen oberen bzw. unteren Grenzwert handelt, der per Definition nur angenähert, nicht erreicht werden kann.[30]

Struktur der Paradoxa

Man erkennt im Obengenannten unschwer den Bezug zu Zenons Paradoxien: Die Anzahl der Distanzen, die Achilles zurücklegen muss, die Zeitintervalle, die ein Pfeil fliegt, die Anzahl der Bewegungen, die beim Dichotomieparadoxon ausgeführt werden müssen, entsprechen der abzählbaren Unendlichkeit der natürlichen Zahlen. Wie Cantors Beweis zeigt, ist deren Abbildung auf das Kontinuum unmöglich und die kontraintuitiven Schlussfolgerungen des Zenon lassen sich mit Hilfe eines differenzierteren Unendlichkeitsbegriffs als Kategorienfehler wegerklären. Die Struktur Zenonscher Paradoxien könnte man dann folgendermaßen darstellen:

Tab.1

1. Beschreibung des Phänomens $P = P_0$
2. Modellierung mit Hilfe von überabzählbarer Unendlichkeit (Kontinuum $\mathbb{R}$): $$P: \to P_\mathbb{R}$$ $$\{-\infty \ldots -3/2, -1, 0..1, 4/3, \pi, \ldots \infty\}$$
3. Abbildung auf Alltagskategorien (Unterstellung abzählbarer Unendlichkeit ($\mathbb{Q}$) $$\{-\infty \ldots -3/2, -1, 0..1, \sqrt{2}, 4/3, \pi, \ldots \infty\} \to \{-\infty \ldots -3/2, -1, 0..1, 4/3, , \ldots \infty\}$$ $$P_\mathbb{R}: \to P_\mathbb{Q}$$
4. Feststellung eines Widerspruchs bei der Rückabbildung auf $P = P_1$:

---

[30] Was hier natürlich unterstellt wurde, ist die Tatsache, dass es sich bei sämtlichen Intervallen, immer um sogenannte dichte Totalordnungen handelt: Das heißt Teilmengen, bei denen zwei verschiedene Elemente immer in einer ($\leq$ oder $\geq$) Relation zueinander stehen und jeder Punkt sich beliebig genau annähern lässt.

$$\text{Für } x \in \mathbb{R}, n \in \mathbb{N}:$$

$$\lim_{x \to a} x = a \to x = a \leftrightarrow x - a = 0 \to n*(x-a) = 0;$$

$$x \neq a \to x - a \neq 0 \to \exists \delta > 0 : \delta = x - a \to \lim_{n \to \infty} n*\delta = \infty$$

Zusammengefasst besteht also folgende Abbildungskette:

$$P_0 : \to P_{\mathbb{R}} : \to P_{\mathbb{Q}} : \to P_1$$

und der Widerspruch besteht in

$P_0 \neq P_1$ und der Tatsache, dass die Phänomene mit ihren Abbildungen identifiziert werden:

$$P_0 = P_{\mathbb{R}} = P_{\mathbb{Q}} = P_1$$

Der Knackpunkt ist natürlich der Übergang von Schritt 2 auf Schritt 3, weil hier implizit die Existenz einer injektiven Abbildung von $\mathbb{R}$ auf $\mathbb{N}$ behauptet wird:

Sei F die Menge aller Funktionen $F: \mathbb{R} \to \mathbb{N}$

$$\exists f \in F: f(x) \neq f(x)' \to x \neq x' \ !$$

Offensichtlich wird bei den genannten Deutungen der Paradoxa nicht versucht, eine explizite Definition einer solchen Funktion zu geben (da es eine solche Funktion nicht geben kann, würde der gescheiterte Versuch natürlich auch gleich das Paradoxon gegenstandslos machen).

Das überhaupt eine solche Abbildung unterstellt werden kann, liegt schlichtweg daran, dass dieser betreffende Argumentationsschritt in Aristoteles Darstellung gar nicht als Abbildungen wahrgenommen, sondern naiv mit den Phänomenen identifiziert wurde. Dieser Kategorienfehler scheint seine tiefere Ursache im von den Pythagoräern ererbten Zahlkonzept, bzw. ungenügender Erweiterung zu haben. Um diesem Ansatz näher zu kommen, mögen zwei Fragen als Leitlinie dienen:

1) Aus welchen kognitiven Gründen wird die Existenz einer injektiven Abbildung von $\mathbb{R}$ auf $\mathbb{N}$ unterstellt?
2) Welcher Art sollte diese Abbildung sein?

Erklärungsvorschläge

Angesichts der vorliegenden Betrachtungen scheinen mir folgende Vermutungen hierzu naheliegend:

a) Analyse und Abbildung (Schritt 2 und Schritt 3 im obg. Strukturschema) werden nicht getrennt. Hierfür spricht, dass die Abbildung bei Aristoteles nicht explizit erwähnt wird, sondern lediglich deren kontraintuitive Konsequenzen thematisiert werden.

b) Der Grund für a) liegt in einem nicht ausdifferenzierten Unendlichkeitsbegriff. Das ist offensichtlich und lässt sich schon an der impliziten gesetzten Gleichung $\frac{1}{\infty} \times \infty = \infty$, wobei mit $\frac{1}{\infty}$ gemeint ist "von 0 verschieden klein".

c) Der Grund für die mangelnde Differenzierung wiederum liegt in der Gegenstandsmetapher der Zahl, die in doppelter Form erscheint, d.h. insofern Zahlen einerseits als Argumente verwendet werden und zum anderen, insofern sie als Prädikate erscheinen[31]. Die Diskretheit der Quelldomäne (Maßstab) wird syllogistisch auf die Zieldomäne, d.h. den Zahlbegriff projiziert:

1) Zahl als Argument: Zahlen sind Anzahlen von (Maß)stäben + Maßstäbe sind diskrete Gegenstände → Zahlen sind diskrete Gegenstände:

   Beispiel: *3 ist eine Primzahl*

2) Zahl als Prädikat: Zahlen sind Eigenschaften (Mächtigkeiten) von Mengen von (Maß)stäben, Mächtigkeiten von Mengen diskreter Gegenstände sind inkrementiell → Zahlen beschreiben diskrete Eigenschaften

   Beispiel: *Die Menge {a,3,z,o,10} hat die Größe (Mächtigkeit) 5*

d) c) wiederum hat seine Ursache in der geometrischen Verwurzeltheit der griechischen Mathematik. Dass die Eigenschaften einer Quelldomäne tatsächlich sehr direkt auf die Operationen einer Zieldomäne einwirken können ist nicht so absurd, wie es auf den ersten Blickt scheinen mag. Denn derartige kognitive Phänomene, bei denen Konzepte verschiedener Domänen wie z.B.: Gegenstände (Maßstäbe) und Abstrakta (Zahlen) sich zu einem eigenständigen Begriff vermischen, der zwar selektiv Eigenschaften beider Ursprungskonzepte übernimmt aber gleichzeitig eine emergente Struktur entwickelt, sind alles andere als selten und als „Conceptual Blending" bekannt (Turner/Fauconnier 2002) und darüber hinaus essentiell für die Leistungsfähigkeit von natürlicher Sprache. Abgesehen davon zeigt die Geschichte der Mathematik, dass der Zahlbegriff eng mit dem Entwicklungsstand der Mathematik korrespondiert, d.h. diese sowohl vorantreiben als auch hemmen kann.[32].

---

[31] *Prädikat* und *Argument* im Sinne von Chierchia (1998) verstanden
[32] Für eine diachrone Darstellung vgl. Boyer (1939), für einen Einblick in die synchrone Zusammenhang zwischen Zahlbegriff und mathematischem System vgl. Hilbert (1922, besonders 137ff).

Literatur

ARISTOTELES: Metaphysik. Übersetzt von. Adolf Lasson, Jena 1907

ARISTOTELES: Physik. Übersetzt und mit Anmerkungen begleitet von C. H. Weiße (1829)

BING, Thomas, REDISH Edward (2006): The cognitive blending of mathematics and physics knowledge. URL:http://www.physics.umd.edu/perg/papers/redish/BingRedishPERC2006.pdf (02.12.2011)

BOYER, Carl. B. (1939): The history of calculus and its conceptual development, New York

CHIERCHIA, Gennaro (1998): Reference to Kinds across Languages, Natural Semantics 6, S.339-405

DAVEY, Kevin (2007): Aristotle, Zeno, and the Stadium Paradox. In: *History of Philosophy Quarterly* 24 (2)

EUKLID Die Elemente: Satz II. 4. URL: http://www.opera-platonis.de/euklid/euklid2.html, 30.11.2012

HEATH, T. L. (1921): *A history of Greek mathematics*, 2 vol., Oxford Univ. Press, London, 1921

HILBERT, David (1922): Neubegründung der Mathematik, in: Büttemeyer (Hg.): *Philosophie der Mathematik*, Freiburg/München 2005, S.131-146

HOFFMANN, Dirk W. (2011): Die Grenzen der Mathematik, Heidelberg

HUGGETT, Nick (2010) "Zeno's Paradoxes", *The Stanford Encyclopedia of Philosophy (Winter 2010 Edition)*, Edward N. Zalta (ed.), URL: http://plato.stanford.edu/archives/win2010/entries/paradox-zeno/ (03.12.2012)

LAKOFF, George, NUNEZ, Rafael (2000): Where Mathematics comes from, New York

MAGIDOR Ofra (2008): Another Note on Zeno's Arrow. URL: *http://users.ox.ac.uk/~ball1646/Research/papers%20and%20abstracts/Zeno's%20Arrow%20(July 2008).pdf* (02.12.2012)

SIMPLICIUS a), *On Aristotle's Physics 6*, D. Konstan (trans.), London: Gerald Duckworth & Co. Ltd, 1989

SIMPLICIUS b): 'On Aristotle's Physics', in *Readings in Ancient Greek Philosophy From Thales to Aristotle*, S. M. Cohen, P. Curd and C. D. C. Reeve (eds), Indianapolis/Cambridge: Hackett Publishing Co. Inc. pp. 58–59, 1995.

TURNER, Mark, FAUCONNIER, Gilles (2002): The Way We Think. Conceptual Blending and the Mind's Hidden Complexities. New York